Bibliothèque Générale de Cinématographie

CONFÉRENCES SUR LA CINÉMATOGRAPHIE
Organisées par le Syndicat
=== DES AUTEURS ET GENS DE LETTRES ===

DIXIÈME CONFÉRENCE

L'Appareil
de
PROJECTION
Cinématographique

Par E. KRESS

PARIS

COMPTOIR D'ÉDITION DE " CINÉMA-REVUE "

118, Rue d'Assas, 118

CONFÉRENCES

SUR LA

CINÉMATOGRAPHIE

L'Appareil
de
PROJECTION
Cinématographique

Par E. KRESS

PARIS

COMPTOIR D'ÉDITION DE " CINÉMA-REVUE "

118, Rue d'Assas, 118

CONFÉRENCES

SUR LA

CINÉMATOGRAPHIE

DIXIÈME CONFÉRENCE

L'APPAREIL DE PROJECTION CINÉMATOGRAPHIQUE

Les appareils destinés à la projection animée procèdent de principes mécaniques que nous avons étudiés lorsque nous avons décrit les appareils de prise de vues. Toutefois, alors que, dans ces derniers, les constructeurs n'avaient à tenir compte que de données mathématiques pour déterminer les temps nécessaires à l'exposition et à l'occultation du film négatif, ils ont dû, dans les premiers, se préoccuper du phénomène physiologique de la persistance des impressions lumineuses sur la rétine.

Plateau, nous le savons, avait démontré que cette persistance avait une durée moyenne d'une demi-seconde, mais il devait appartenir aux frères Lumière d'apporter de nouvelles précisions, de déterminer le minimum de durée et de lui attribuer une valeur voisine de $\frac{2}{45}$ de seconde. De leurs expériences il se dégagea que l'œil enregistrait nettement une projection reconstituant le mouvement analysé par les images successives du film 1° lorsque chaque image restait immobile et éclairée pendant $\frac{1}{45}$ de seconde ; 2° lorsque, lors de la substitution d'une image à la précédente, l'occultation lumineuse avait également une durée de $\frac{1}{45}$ de seconde.

L'application rigoureuse de ces données n'allait pas sans ce *scintillement* qui caractérisa les premières projections cinématographiques. En effet, pendant l'occultation, l'œil est le siège d'un double phénomène ; il conserve bien le *souvenir* de l'image perçue ; mais ce souvenir est très fugitif ; la rétine subit comme un *désamorçage* graduel, si bien qu'à la fin du deuxième quarante-cinquième de seconde, elle est prête à enregistrer la nouvelle image que l'appareil projette sur l'écran. On conçoit que les constructeurs ont dû se proposer d'éviter le contraste violent qui résultait du passage brusque de l'obscurité à la lumière éclatante et qui se traduisait par le scintillement. Ils y sont parvenus en modifiant les emps d'occultation, en les fractionnant, en intercalant des temps d'occultation supplémentaires assez rapides pour que l'œil restât presque constamment sous l'impression lumineuse proprement dite.

Bien qu'une digression d'ordre historique risque de nous éloigner de notre sujet principal, je dois revenir aux travaux chronophotographiques de Marey, et dire quelques mots de son fusil photographique parce que le mécanisme d'obturation en était particulièrement intéressant. Le fusil photographique avait les dimensions d'un fusil de chasse dont un tube, contenant l'objectif de l'appareil, représentait le canon. Quand on pressait la détente, un rouage d'horlogerie imprimait aux différentes pièces du système les mouvements secondaires solidaires d'un axe central accomplissant douze tours par seconde. L'obturateur, disque opaque percé d'une étroite fenêtre, n'admettait la lumière que douze fois par seconde et pendant $1/720^e$ de seconde. Par l'intermédiaire d'un cliquet, agissant sur chacune des dents tracées sur la circonférence d'un disque tournant librement sur l'axe, chacune des douze fenêtres, dont ce disque est percé, vient, à un intervalle d'un douzième de seconde, correspondre à la fenêtre de l'obturateur. Le disque à douze fenêtres est appliqué sur une plaque sensible et l'entraîne dans sa rotation. Le cliquet grâce auquel la plaque peut poser est mis en mouvement par une tige solidaire d'un excentrique calé sur l'arbre. Le phénakisticope de projection construit par Molteni convenait à la reconstitution sur l'écran des mouvements enregistrés par l'appareil de Marey. Il s'adaptait facilement aux lanternes. Son mécanisme était solidaire d'une manivelle qui, grâce à deux cordelettes sans fin, transmettait le mouvement de rotation, d'une part à la plaque de verre portant les photographies successives de l'objet, du personnage en action, de l'autre au disque opaque, percé d'une fenêtre à la demande de l'image, et faisant fonction d'obturateur. Plaque de verre et disque obturateur tournaient en' sens inverse l'un de l'autre et le second beaucoup plus rapidement que le premier.

Ne quittons pas le domaine historique sans accorder une mention spéciale au tachyscope de M. Anschuetz, zootrope reposant sur l'observation d'un phénomène optique dont chacun a pu se rendre compte au cours des nuits d'orage. Si, en effet, un éclair vient, dans ces circonstances, illuminer brusquement un objet en mouvement, ce dernier apparaît comme immobile.

L'appareil Anschuetz consistait en une roue de fer de grand diamètre dont l'axe était porté par un pied massif qu'un chariot, guidé par des rails, permettait d'approcher de la paroi qui séparait l'appareil des spectateurs.

La roue était mise en mouvement au moyen d'une manivelle. Les images des positions successives de l'objet animé étant disposées à la périphérie, au milieu et en dessous de chaque image le constructeur avait groupé

des séries de taquets sur lesquels venait glisser un
contact destiné à fermer le circuit d'une batterie de piles
électriques sur le circuit inducteur d'une bobine de
Ruhmkorff ; lorsque la roue était mise en mouvement,
le circuit induit se fermait sur un tube de Geissler destiné à éclairer l'image. La fermeture du circuit inducteur
était immédiatement suivie d'une rupture. Il se produi-
sait deux courants dans l'induit, l'un inverse, l'autre
direct, inégaux en tension ; seul le courant direct illumi-
nait le tube de Geissler ; et l'impression laissée sur la
rétine par les successions lumineuses était bien plus vive
que celle qu'aurait donnée une lumière continue.

La même observation a été utilisée par Edison dans
son appareil bien connu, remise en honneur par
M. Dussaud et par certains constructeurs, pour la publi-
cité lumineuse. M. Anschuetz empruntait l'énergie électrique nécessaire à une source relativement faible
puisque quelques piles au bichromate y suffisaient.

Appareils Lumière

L'appareil Lumière type a été décrit. Ce cinématographe, dont nous avons montré les excellentes qualités
de reversibilité, avait également affirmé la supériorité
remarquable du système d'entraînement dit à griffes,
tombé depuis dans le domaine public. Il y a, dans le
commerce, deux modèles du cinématographe Lumière :

le modèle A pour perforation Lumière à un **trou** circulaire latéral par image ; le modèle B pour perforation américaine à quatre trous rectangulaires latéraux par image (1). Comme dans l'appareil type, l'obturateur est constitué par un double disque à deux segments de cercle qui, en glissant l'un sur l'autre, permettent de faire varier l'ouverture utile. C'est en réglant cet espace libre qu'on arrive à corriger le scintillement, le secteur évidé étant rigoureusement proportionnel au temps d'éclairement, d'immobilisation de la pellicule (fig. 1).

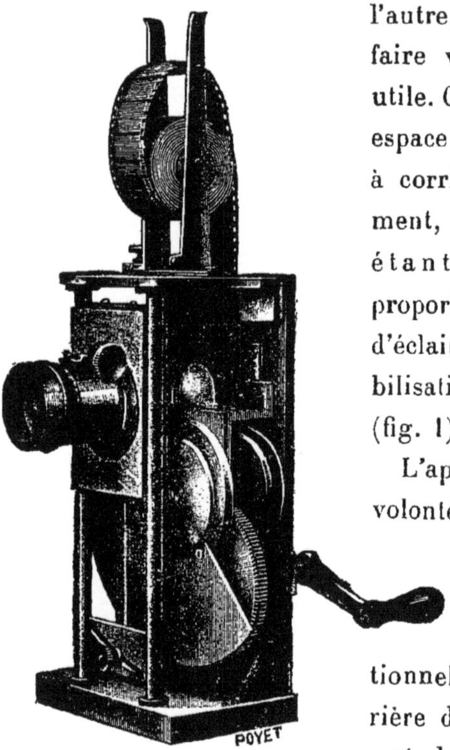

L'appareil utilise, à volonté, des objectifs à court ou à long foyer. En outre une lentille additionnelle, placée en arrière de l'objectif, permet de modifier les dimensions de la projection.

Fig. 1. — Projecteur Lumière.

(1) Le pas de la perforation américaine est de 0,004.75, soit

Les cinématographes Lumière n'étant établis que pour la projection de films dont la longueur n'est pas supérieure à vingt mètres, on leur a adjoint un défileur du système Carpentier-Lumière. Ce défileur est indépendant du cinématographe lui-même et, suivant la perforation utilisée, il comporte deux tambours d'entraînement différents. Les bobines peuvent contenir jusqu'à 500 mètres de bandes qui passent dans l'appareil sans effort nuisible de traction (fig. 2). Les frères Lumière ont eu l'idée de substituer au condensateur à lentilles un ballon de verre, bien sphérique, à long col, qui joue en même temps le rôle de cuve à eau. L'eau entrant assez rapidement en ébullition, on évite les projections de liquide en suspendant un fragment de coke à l'intérieur du ballon et à sa partie supérieure, par conséquent en dehors du trajet du faisceau de lumière utile (fig. 3). Ces lanternes à ballon de verre se font en deux modèles suivant que le courant est ou non supérieur à 25 ampères.

Les constructeurs lyonnais ont également imaginé deux types de lanternes pour projections fixes ou animées ; ces lanternes sont à condensateur double de 110 millimètres. Dans l'un des modèles un système de

200 trous pour 0 m. 95 de film. La perforation Lumière était d'un trou circulaire par image. Dans la perforation Edison, à 4 trous par image, ces trous ont $1,9 \times 2,9$ millimètres. Dans l'appareil Lumière primitif les images positives avaient 20×25 millimètres. Ce format a prévalu.

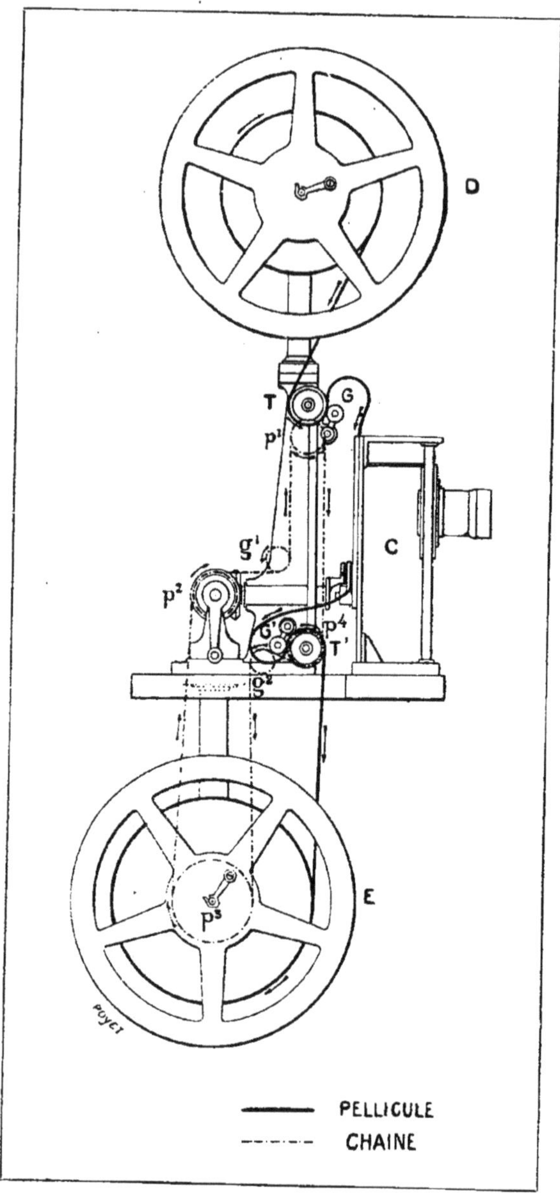

Fig. 2. — Mécanisme du projecteur Lumière.

glissière, coulissant sur le devant de la lanterne, permet de substituer facilement un système optique à l'autre. Pour la projection animée, la cuve à eau est à deux faces parallèles démontables, dont l'une comporte un cône en cuivre verni muni d'une glace dépolie faisant

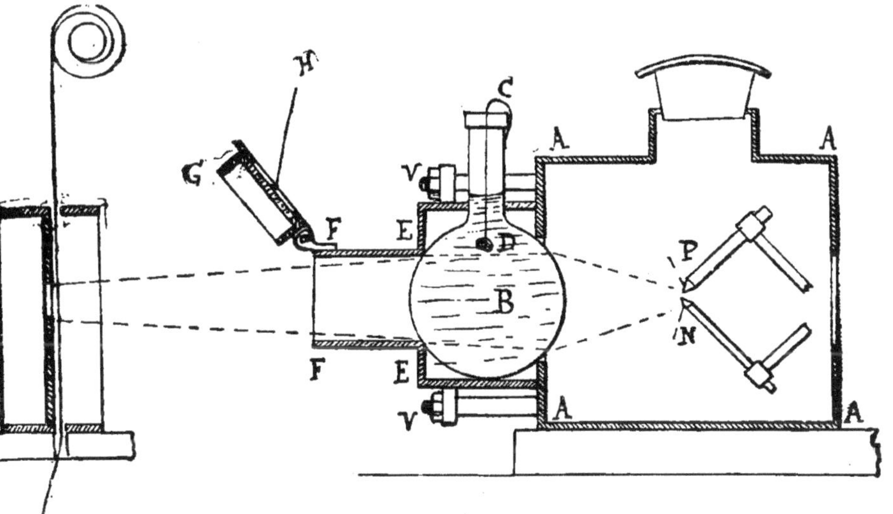

Fig. 3. — Dispositif avec le ballon de verre.

office d'écran. Sur le cône destiné à la projection fixe, est monté un objectif double achromatique très lumineux. Dans l'autre type de lanterne mixte, les deux dispositifs sont montés à charnières, l'un à gauche, l'autre à droite, ce qui permet de les substituer immédiatement l'un à l'autre, un bouton de serrage, d'arrêt, à ressort, maintenant le système en place.

Quant à l'éclairage, les charbons font, dans les régulateurs Lumière, un angle plus ou moins obtus et sont mobiles dans tous les sens. Une crémaillère à glissière facilite le centrage du point lumineux. Jusqu'à 25 ampères on utilisera sur courant continu des charbons homogènes de 8 à 12 millimètres de diamètre ou des charbons dits à mèche de 12 millimètres. Sur courant alternatif les charbons auront 10 millimètres. Au-dessus de 25 et jusqu'à 60 ampères, les charbons homogènes auraient 12 à 18 millimètres, les charbons à mèche 18 millimètres ; sur courant alternatif 15 millimètres.

Le rhéostat est du type Circum, calculé pour une tension de 110 volts. Les spires en ferro-nickel sont montées circulairement entre deux disques d'ardoise ; elles correspondent à 24 contacts parcourus par une manivelle à poignée isolante. Au-dessus de 110 volts on ajoute des résistances additionnelles.

Un chevalet démontable complète le matériel. En avant, on dispose le cinématographe et le défileur, en arrière, la lanterne et son système optique glissant sur rails de gauche à droite pour éclairer soit le cinématographe, soit le cône à projections fixes.

Appareils Gaumont

La maison Gaumont a porté très loin la perfection de ses appareils. Elle a établi trois modèles de Chronos professionnels. Dans l'un, elle continue à utiliser la came Demeny excentrée et évidée ; pour les deux autres, elle a recours à la Croix de Malte. Les appareils Gaumont ont pour grande qualité de ne point fatiguer la pellicule ; en outre leur obturateur est disposé de telle sorte que l'opérateur ne risque pas d'être blessé. Par une application très heureuse de la force centrifuge la fenêtre est découverte par l'écran de sûreté, l'appareil étant en vitesse normale. Si l'appareil vient à s'arrêter, l'écran de sûreté retombe et vient protéger la pellicule contre les rayons émanant de la source lumineuse et calorifique. En outre des *Carters* ou boîtes à films enferment les bandes en service, l'un des carters étant debiteur, l'autre récepteur. A tous moments, la pellicule peut être retirée sans qu'il soit nécessaire de la couper. Quant au cadrage, cette opération est rendue facile grâce à un levier et à un bouton moleté placés sur le côté de l'appareil (fig. 4).

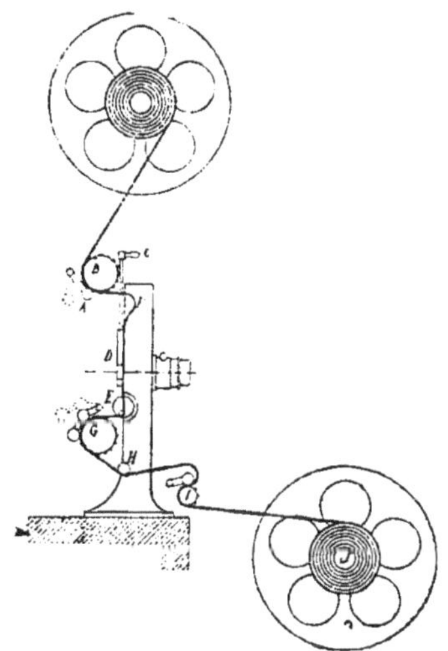

Fig. 4. — Mécanisme de l'appareil Gaumont.

Chronos Gaumont à Croix de Malte

La croix de Malte est un dispositif mécanique très ancien, tombé dans le domaine public et que les constructeurs utilisèrent dès le début du cinématographe. Elle présente le défaut d'une usure rapide causée par le travail intense auquel on la soumet. Les établissements Gaumont utilisent pour leurs croix de Malte un acier spécial et les rectifient après la trempe. Il est nécessaire de décrire une pièce aussi importante (fig. 5).

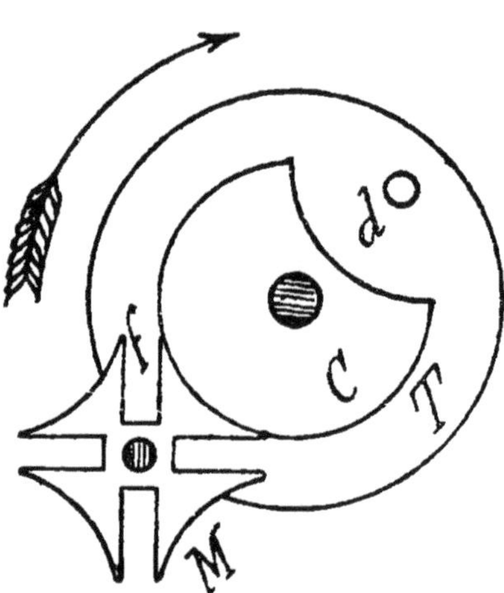

Fig. 5. — Croix de Malte.

Un onglet, fixé sur un plateau animé d'un mouvement uniforme de rotation, vient s'engager, successivement, dans chacune des quatre rainures perpendiculaires entre elles dont l'ensemble figure précisément une croix de Malte. A chacune de ces introductions de l'onglet, la croix de Malte fait un quart de tour ; mais lorsqu'il échappe à la coulisse g, l'épaulement circulaire

A du grand plateau S vient épouser la base concave qui limite chacune des quatre parties pleines de la croix de Malte M. Cette dernière est ainsi tenue immobile jusqu'à ce que l'onglet vienne s'inserrer dans la coulisse suivante. Comme le cylindre denté entraîneur est attelé à la croix de Malte, le film est tiré avec une vitesse qui d'un minimum passe à un maximum et revient à un minimum. Pour compenser l'usure, il était nécessaire que les centres de rotation du plateau et de la croix de Malte puissent être rapprochés. Cette modification est particulière aux appareils Gaumont.

Lorsque le cinématographe marche au moteur, ce dernier est disposé sous le socle même de l'appareil ; par courroie de caoutchouc engagée dans la gorge d'une poulie, il transmet le mouvement : 1° au plateau dont l'onglet entraîne la croix de Malte ; 2° à l'obturateur ; 3° à la réceptrice, la bobine débitrice étant montée follement sur un axe particulier.

Le porte-objectif peut se déplacer dans le sens de la verticale et, comme il porte l'axe de l'obturateur, ce dernier suit l'objectif quand il est nécessaire de décentrer. On ne craint pas alors de projeter sur l'écran des traînées lumineuses, d'un effet désastreux lorsqu'on décentre en pleine opération.

La boucle, amenée au cylindre entraîneur par le canal d'un couloir d'acier, est prise sous une porte ajourée correspondant à la fenêtre du Chrono. Des ressorts

2

maintiennent en place cette porte et deux petits compresseurs appliquent les bords, et seulement les bords, du film contre le cylindre entraîneur que commande la croix de Malte.

L'obturateur, tournant à raison de deux tours par image, fournit par conséquent une double occultation.

La platine de l'appareil est prolongée par deux bras dont l'un, vertical, supporte la bobine débitrice, montée follement sur l'axe ; l'autre, inférieur et presque horizontal maintient la bobine réceptrice commandée par la manivelle ou le moteur. Ce bras est mobile, ce qui permet de le relever et de loger le chrono dans la malle de voyage. Les axes des bobines sont démontables. Quant aux bobines, elles sont légères et simples. Dans leur moyeu on a ménagé une fente, pour l'engagement de l'extrémité de la pellicule (fig. 6 et 7).

Trois tambours dentés suffisent à l'entraînement du film. Pour lutter contre les effets de l'inertie qui fatigueraient les organes et provoqueraient la rupture de la bande, on a évidé le cylindre commandé par la croix de Malte. Quant aux deux autres tambours : ils sont en bronze et montés, le premier au-dessus de la fenêtre, le second au-dessous du cylindre de la croix de Malte, sur l'axe de la manivelle. Les galets compresseurs sont également au nombre de trois, un pour le cylindre débiteur supérieur, les deux autres affectés au cylindre inférieur. Ces galets peuvent être aisément soulevés lorsque l'appareil est au repos, ou lorsqu'on veut changer de film.

La croix de Malte, dont nous avons signalé et l'impor-

Fig. 6. — Projecteur Gaumont.

tance et la délicatesse, est enfermée dans un carter où
elle est mise à l'abri des poussières et des projections
d'huile.

Le cylindre de la croix de Malte sera tenu en parfait
état de propreté. Pour le nettoyer on se servira d'une
brosse douce, de pétrole et non d'essence. On entretiendra
de la même façon le plateau à onglet et la croix de Malte ;
pourtant une goutte d'huile sur les bras de la croix

Fig. 7. — Carter de sûreté.

ne sera pas nuisible. Pour procéder à cette opération on
démontera le carter ou on fera tourner la pièce qui, en arrière, protège le mécanisme. Il va sans dire que le constructeur a ménagé des pertuis de graissage partout où
ils étaient nécessaires. On les démasque en soulevant le
levier de décadrage.

On insistera sur la perfection du graissage de l'axe de

l'obturateur auquel correspondent, à cet effet, deux trous pratiqués, l'un dans l'épaisseur du porte-objectif, l'autre au-dessus de cette pièce ; il en sera de même pour les différents pignons, surtout les hélicoïdaux, pour les pièces qui commandent le fonctionnement de l'écran de sûreté. On chassera soigneusement toutes poussières non seulement du couloir, mais de l'objectif. On veillera de la même façon à la propreté méticuleuse des galets de friction.

Pour enlever la contre-porte, on dévissera les deux goupilles correspondantes.

Pour se livrer au capital examen du jeu qui peut affecter le système entraîneur à croix de Malte, on fera lentement tourner le plateau pour que, l'onglet étant complètement sorti de la coulisse, le centre du plateau et le centre de la croix soient sur une même ligne. La base concave d'une des branches de la croix est alors complètement appliquée contre l'épaulement circulaire du plateau. En faisant osciller la croix sur son centre, on se rend compte de l'existence du jeu. On dévisse alors les deux gros tenons de la pièce qui supporte plateau et croix de Malte, on débloque la petite vis v en serrant d'autant la vis v' qui lui est opposée jusqu'à disparition du jeu constaté. Il n'y a plus qu'à serrer bien à fond les deux grosses vis de la pièce portante (fig. 8 et 9).

La bobine réceptrice est caractérisée par son montage sur un ressort qui assure l'entraînement grâce à une compression exercée par un écrou qui épouse la partie filetée de l'axe. L'écrou est bloqué en situation convenable au moyen d'une petite vis arrêtoire.

L'appareil étant vérifié, en état, on procède à la mise

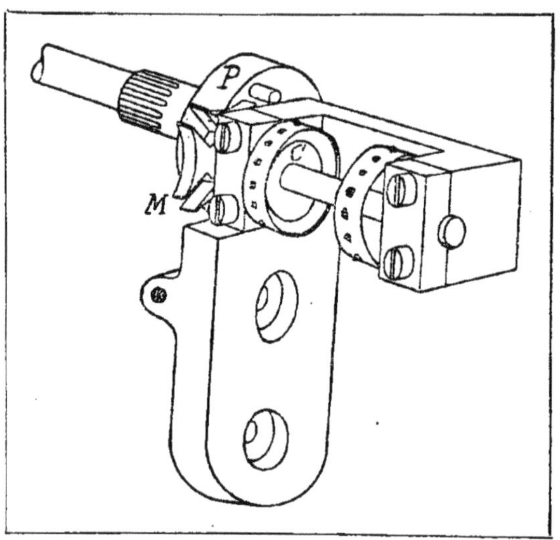

Fig. 8.

en place de la pellicule. Pour cela, après avoir ouvert la porte du projecteur, on soulève les galets presseurs. On tire alors soixante-dix centimètres environ de film hors de la boîte-carter supérieure et on referme cette boîte. La bande ainsi libérée est engagée sous le galet de corne, passée sur le tambour denté supérieur et le compresseur supérieur est rabattu.

Avant d'appliquer le film dans le couloir, dans le loge-
ment que ferme la porte ajourée, on le cintre sur une
longueur de quatre images au plus (ce qu'en terme

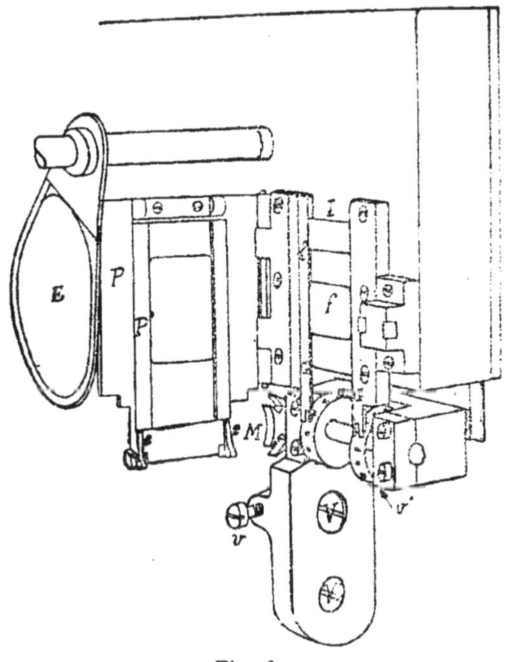

Fig. 9.

consacré on entend par l'expression, *faire la boucle*) et
on *cadre* une des images de la portion de bande engagée dans le couloir en la faisant coïncider avec les bords
de la fenêtre. Les dents du cylindre de la croix de Malte
sont engagées dans les perforations et on referme la porte

après s'être assuré que la bande ne coince pas. On fait une boucle avant d'engager le film sur le tambour denté inférieur et on rabat le compresseur correspondant. Il ne reste plus qu'à engager l'extrémité de la pellicule sur l'arbre de la bobine réceptrice.

Quant à la direction du film dans l'appareil, les images en sont disposées tête vers le bas, le côté gélatine vers la lanterne quand la projection a lieu par réflexion et vers l'écran quand on utilise la projection par transparence.

Appareil à Came Demeny (fig. 10 et 11)

Quand il s'agit du modèle à came Demeny, du chrono série VII B, la disposition du film comporte les mêmes règles. Toutefois on veillera au parfait engrenage des dents des cylindres et des perforations 'e la pellicule. Un bouton moleté, placé sur le côté de l'appareil, permet le cadrage pendant la marche. D'autre part, on assurera l'exactitude du repérage en faisant coïncider, d'une part les deux bords supérieur et inférieur d'une image avec les crans tracés sur le cylindre denté inférieur ; d'autre part le repère rouge du couloir avec l'index tracé sur le bâti lui-même.

Pour mettre au point, on vissera lentement l'objectif, opération facilitée par l'action d'un bouton moleté correcteur d'une mise au point faite une fois pour toutes.

Lorsque les objectifs ont un foyer supérieur à 10 centimètres, on utilise une rallonge de longueur déterminée.

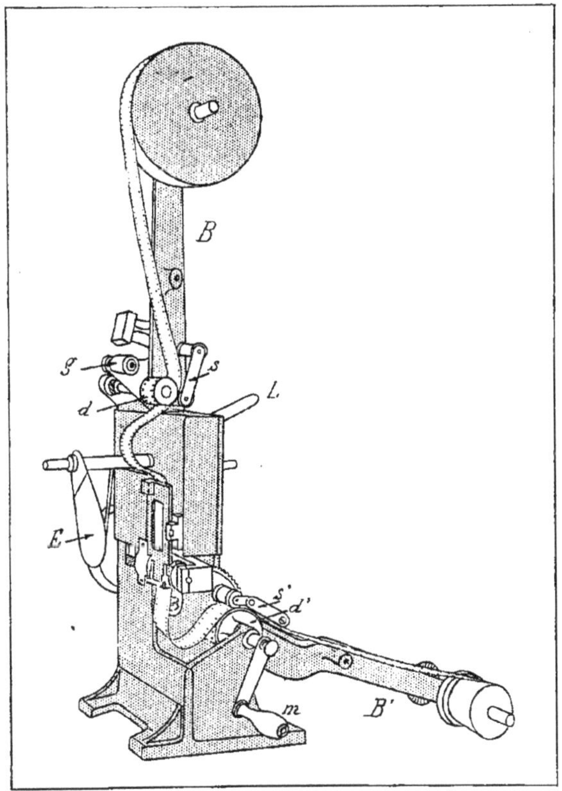

Fig. 10.

La maison Gaumont a établi, pour les professionnels
du voyage, un autre modèle à croix de Malte dans lequel
le cylindre d'entraînement, la croix de Malte et son arbre

sont montés sur un système de support commun, ce qui
les rend facilement échangeables en cas d'avarie grave.
Dans ce modèle, les temps d'arrêt de la croix de Malte
ont été sensiblement allongés ; la porte ajourée se rabat

Fig. 11.

à la façon d'un pont-levis en soulevant automatiquement
les compresseurs du tambour entraîneur ; un bouton
qu'on tourne en sens contraire des aiguilles d'une montre
vient soulever le compresseur du cylindre inférieur
qu'un taquet maintient en position. Un tel dispositif
facilite la mise en place de la pellicule ; les dents des

cylindres coïncidant avec les perforations, on *centre*
sans peine. Des deux bras qui portent les bobines, le

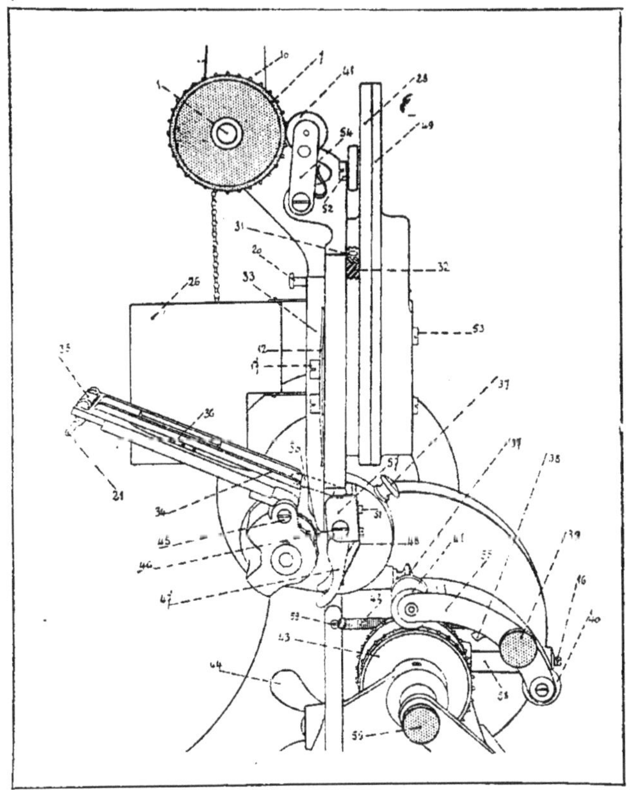

Fig. 12.

supérieur est mobile autour d'un axe, l'inférieur est
démontable (fig. 11).

Nous devons, pour être complet, donner quelques

explications nécessaires et précises sur la mise au point de l'obturateur. Après avoir enlevé le couvercle du carter qui protège cet organe, on dévisse de quelques tours la vis centrale et on dégage la goupille. L'obturateur est alors mis en position utile, on bloque toutes les vis et on referme le carter.

Lorsqu'on veut remplacer l'obturateur à un tour par celui à deux tours par image, opération que la vitesse du moteur ou la transparence des bandes rendent parfois nécessaire, il suffit de substituer au pignon primitif un pignon nouveau et d'effectuer un nouveau réglage.

Éclairage. — Le système régulateur d'arc électrique Gaumont est légèrement incliné, ce qui rend plus visible le cratère positif; quant au point lumineux, il peut être verticalement et latéralement réglé, un isolement au mica rendant impossible tout court-circuit ; d'autre part les pinces qui maintiennent les charbons sont en métaux à coefficient de dilatation, calculé pour qu'ils jouent vis à vis les uns des autres le rôle de compensateurs. Les charbons ont 150 millimètres de longueur et leurs diamètres répondent aux nécessités de l'ampérage, comme nous l'avons déjà indiqué.

Les rhéostats sont soit à toiles métalliques montées en dérivation et superposées, soit à spires verticalement disposées. Le montage en dérivation permet d'user d'un régime de charge constant dans le cas où l'intensité de la source électrique viendrait à varier. On peut même n'avoir en cabine que les interrupteurs et les fusibles montés sur ardoise, les résistances étant au dehors. Comme les trois interrupteurs en service correspondent respectivement à 10, 20, 30 ampères, on donne aux câbles de liaison des diamètres appropriés.

Le dispositif dont nous parlons est construit pour 110 volts-50 ampères. Si, pour le même voltage, on veut doubler l'ampérage, on montera en dérivation un rhéostat de même forme et de même force.

Appareils Pathé

En l'année 1908, la Maison Pathé a mis dans le commerce deux modèles remarquables l'un à croix de Malte, l'autre à système Lumière transformé.

Dans l'appareil Pathé, modèle 1908, le film est tiré sur la hauteur d'une image entière par l'intermédiaire d'un cylindre denté agissant sur les bords de la pellicule. La croix de Malte et son plateau d'entraînement enfermés dans un carter étanche plongent dans un bain d'huile qui a pour effet de défendre ces organes contre l'usure et le grippage, sans qu'il soit nécessaire de s'occuper du graissage pendant plusieurs semaines de travail. L'immobilisation de la pellicule pendant la période d'exposition est obtenue par l'action douce d'un patin d'acier qui épouse la périphérie de la croix de Malte et qui vient presser sur les bords de la bande (fig. 13). Comme dans l'appareil Gaumont, un écrou de sûreté fonctionnant grâce à la force centrifuge peut être joint au dispositif général. Le temps d'obturation est le cinquième du temps total de projection.

Dans le modèle dit « anglais » le cadrage de l'image se fait non par le déplacement d'une fenêtre intérieure mobile mais par tirage effectué par le tambour de la Croix de Malte sur la pellicule.

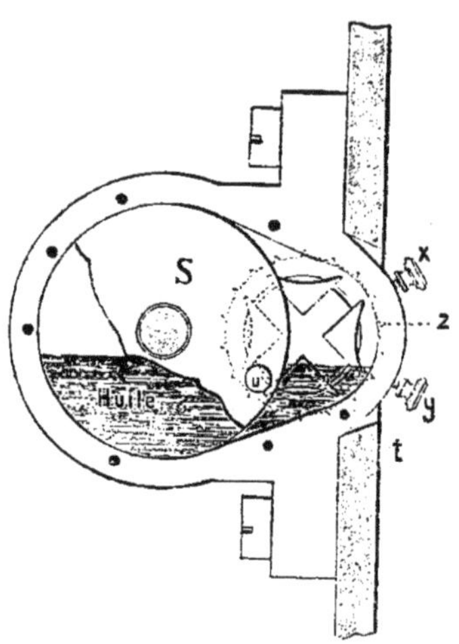

Fig. 13. — Croix de Malte.

Quand on veut faire de la projection fixe, on n'a pas à déplacer la lanterne, mais on fait pivoter sur la droite le projecteur jusqu'à un cran d'arrêt marqué sur la table d'opération ; l'objectif pour vues fixes est ainsi amené dans l'axe de la lanterne.

Quant au modèle Lumière transformé, il est caractérisé par ce fait que l'obturateur peut être placé soit à l'avant, soit à l'arrière de l'objectif, ce qui permet l'emploi de longs ou de courts foyers. En outre toutes les pièces ont été renforcées. Le projecteur Lumière est parfait lorsque les perforations sont en bon état.

Éclairage. — La maison Pathé propose différents modèles de lampes à arc. Dans le modèle courant le centrage du point lumineux est soumis à l'action de quatre boutons, le bouton fileté du milieu servant au rapprochement des charbons. Dans le gros modèle pour 150 ampères, on s'est proposé de supprimer entièrement les crémaillères qui, sous l'action de la dilatation provoquée par les températures élevées, sont mises rapidement hors d'usage. Deux pignons commandés par deux vis de réglage emboîtées l'une dans l'autre et placées à l'arrière servent à rapprocher les charbons. Une inclinaison de 35 à 45° des charbons l'un sur l'autre donne le meilleur rendement lumineux. Une vis à pas très allongé fait coulisser le chariot cylindrique entraîneur des deux porte-charbons ; un engrenage solidaire d'une vis sans fin, en faisant mouvoir l'arc et son bâti sur pivot, déplace latéralement le point lumineux.

Le modèle américain, composé d'un simple tube oblique sur lequel les porte-charbons coulissent, est d'un maniement simple, précis et robuste. Il est muni d'un réflecteur.

Comme la maison Gaumont, la maison Pathé construit des porte-charbons à griffe bi-métallique serrant d'autant plus les charbons que la chaleur est plus intense.

Les rhéostats sont à trente spires de maillechort fixées à deux plaques d'ardoise qui les isolent du cadre métallique. La manette se déplace sur 15 plots. Pour 90 ampères on a substitué aux plots des interrupteurs à manette dont chacun correspond à 10 ampères. Les rhéostats peuvent être placés en dehors de la cabine et remplacés par une bobine de self ou par un transformateur quand on doit utiliser le courant alternatif.

Quant aux tables de support, la maison Pathé en construit une en fonte de fer nervée annihilant les effets des vibrations qui se communiqueraient à l'appareil de projection.

Nous devons accorder une mention spéciale aux boîtes et au mécanisme de sûreté du système Mallet adopté par la maison Pathé frères, et considéré comme un des meilleurs systèmes de protection contre les dangers d'incendie par le film. L'appareil se compose de deux boîtes en tôle dont l'axe interne reçoit les bobines de pellicule. Ces boîtes sont portées par les bras du projecteur et munies d'un double disposif de sûreté. Le premier de ces dispositifs ferme automatiquement la fente de passage du film (lorsque celui-ci prend feu), par l'intermédiaire d'un cordon de fulmicoton qui, en marche normale, tient ouvert l'obturateur ; cet obturateur cylindrique est muni d'un ressort qui agit sur l'obturateur et lui fait fermer le carter lorsque le cordonnet en fulmicoton vient à être détruit par la flamme. Le deuxième dis-

positif de sûreté se manœuvre à la main ; il a pour objet
de permettre la coupure du film sur le carter inférieur.

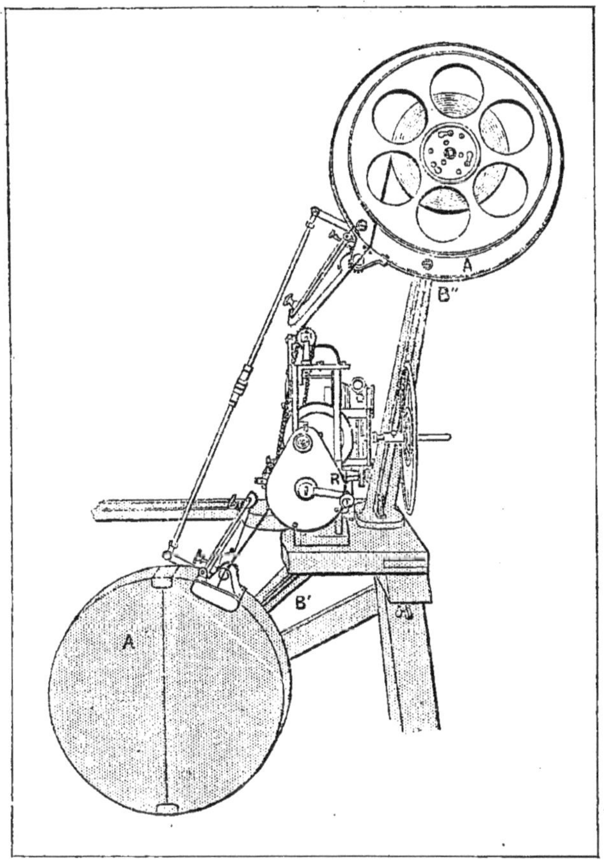

Fig. 14. — Protecteur Pathé-Mallet.

L'opérateur agit sur un levier auquel est articulée une
bielle coudée terminée par un segment denté engrenant

avec une roue faisant corps avec un boisseau de robinet.
C'est ce boisseau de robinet qui vient faire cisaille lorsqu'on agit sur le levier qui commande la bielle (fig. 14).

Projecteur Demaria

L'appareil est à croix de Malte ne faisant qu'une pièce avec son arbre, rectifiée après la trempe. Un tambour denté débiteur placé à la partie supérieure assure l'entraînement régulier du film et permet d'en passer de très grandes longueurs. Les compresseurs dont est munie la fenêtre n'agissent que sur les bords de la bande. Le système cadreur, solidaire de l'objectif, est commandé par un levier. Un dispositif embobineur complète l'appareil. L'objectif est un Petzwal double achromatique. L'obturateur a été bien étudié. On met au point au moyen d'un bouton placé sous l'objectif.

Les lampes à arc sont du système dit à ciseaux. Une vis micrométrique placée sur le bras supérieur règle l'inclinaison des charbons. Deux autres boutons moletés permettent le centrage en hauteur et en largeur. Les rhéostats sont à spires en ferro-nickel, isolées du cadre métallique par des plaques de marbre.

Ces résistances sont établies pour 110 volts, les résistances additionnelles seront placées hors de la cabine.

La maison Demaria construit également un dispositif

pour projections fixes ou animées; on passe d'une application à l'autre par déplacement latéral de la lanterne montée sur glissière.

Projecteur Rex-Ernemann

Cet appareil n'a ni chaînes, ni arbres susceptibles de se fausser ; il est à croix de Malte très étudiée. Les rouleaux presseurs sont disposés pour que le plus grand nombre de dents agissent sur les perforations de la bande. L'objectif est solidaire du dispositif de cadrage. L'appareil est muni d'un écran de sûreté commandé par engrenage. La croix de Malte et son cylindre denté peuvent être échangés en dévissant une seule vis. Quatre paires de rouleaux en acier conduisent la bande à la sortie dans le carter de sûreté inférieur. La table de support est à plan d'inclinaison (fig. 15).

Projecteur Imperator-Ernemann

Dans cet appareil l'axe optique est constant, ce qui permet de ne pas avoir à régler le point lumineux quand on règle le champ de l'image, d'où, facilité de manipulation, gain en lumière et économie de courant. La croix de Malte est à bain d'huile ; ni chaînes, ni flexibles ; cadrage sans déplacement de la bande et en cours de marche. L'Imperator est doux et silencieux. Le

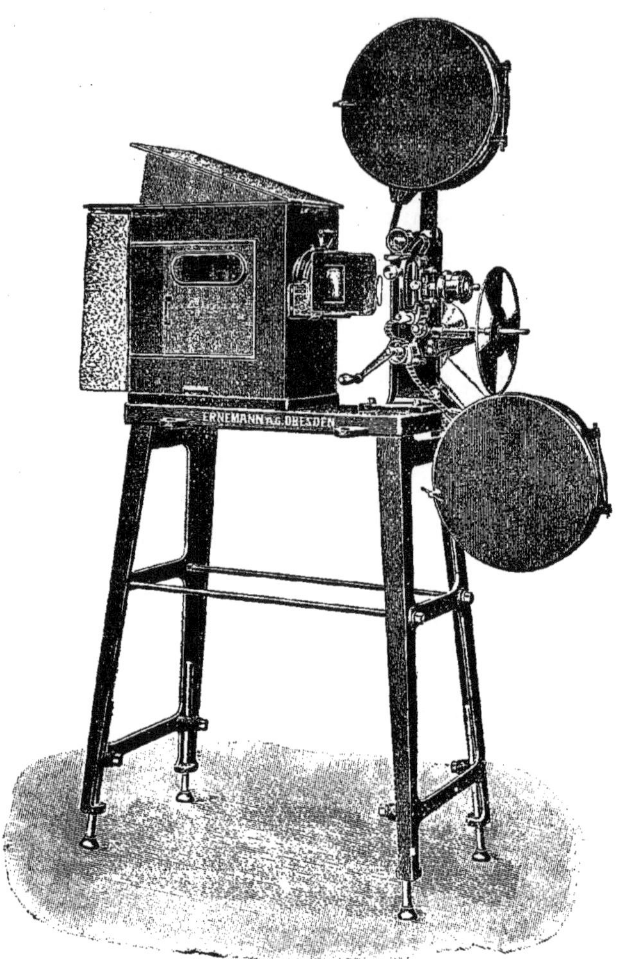

Fig. 15. — Projecteur Ernemann

changement du tambour d'entraînement, sujet à l'usure, s'effectue par le simple jeu d'un écrou. L'écran de sûreté contre l'arrêt brusque ou l'incendie est commandé par engrenage. Entre le projecteur et la paroi de la lanterne, on a intercalé un double volet d'acier garni intérieurement d'amiante, ce qui préserve le mécanisme contre l'échauffement. Les boîtes ou carters de sûreté sont d'une seule pièce ; le couvercle est maintenu par un solide verrou. Dans la lampe préconisée par la maison Ernemann les charbons sont perpendiculaires entre eux, le charbon supérieur étant disposé horizontalement et le charbon inférieur verticalement.

Nous nous sommes bornés à présenter au lecteur les appareils les plus caractéristiques, réservant la description des dispositifs spéciaux à la cinématographie en couleurs et au synchronisme. Il nous faut maintenant condenser quelques renseignements d'ordre pratique dont l'opérateur pourra, nous l'espérons, tirer quelque profit.

Mise au point

Suivant la distance qui sépare de l'écran l'appareil projecteur, et suivant les dimensions qu'on désire donner à la projection, on devra faire choix d'objectifs différents. On consultera donc utilement la série des tableaux suivants. S'il s'agit d'un appareil Lumière on pourra choisir entre les objectifs à court, à moyen, à long foyer, ces systèmes optiques pouvant comporter des lentilles additionnelles, excepté, pourtant, ceux à long foyer.

TABLEAU

Donnant les dimensions approximatives de l'image projetée sur l'écran par les différents objectifs à projections, pour une distance déterminée, avec et sans la lentille additionnelle.

OBJECTIF A COURT FOYER

Distance entre l'écran et l'appareil	Dimensions de l'image Sans la lentille additionnelle		Avec la lentille additionnelle	
5m80	1m50	✕ 1m15	2m	✕ 1m50
8m	2m	✕ 1m50	2m65	✕ 2m
11m50	3m	✕ 2m25	4m	✕ 3m
19m	5m	✕ 3m80	6m50	✕ 4m80
23m	6m	✕ 4m50	8m	✕ 6m
30m	7m75	✕ 5m80	10m	✕ 8m

OBJECTIF A MOYEN FOYER

Distance entre l'écran et l'appareil	Dimensions de l'image Sans la lentille additionnelle		Avec la lentille additionnelle	
8m	1m50	✕ 1m15	2m	✕ 1m50
10m50	2m	✕ 1m50	2m65	✕ 2m
16m	3m	✕ 2m25	4m	✕ 3m
25m	4m70	✕ 3m50	6m	✕ 4m50
30m	5m50	✕ 4m15	7m20	✕ 5m40

OBJECTIF A LONG FOYER

Distance entre l'écran et l'appareil	Dimensions de l'image Sans la lentille additionnelle	
10m50	1m50	✕ 1m15
14m	2m	✕ 1m50
21m	3m	✕ 2m25
30m	4m75	✕ 3m50

D'une façon générale si,

L = la distance du projecteur à l'écran (en millimètres),

A = le grand côté de la projection sur l'écran (en millimètres),

F = le foyer de l'objectif utilisé (en millimètres),

24 = La largeur de l'image cinématographique (en millimètres) ;

on a les formules :

$$1° \quad F = \frac{24 \times L}{A}$$

qui donne le foyer à utiliser :

$$2° \quad A = \frac{24 \times L}{F}$$

qui donne la largeur de la projection, F et L étant connus :

$$3° \quad L = \frac{A \times F}{24}$$

qui donne la distance de l'appareil à l'écran. Ces formules répondent au tableau suivant:

FOYER de L'OBJECTIF	DIMENSIONS APPROXIMATIVES DE L'IMAGE SUR L'ÉCRAN					
	DISTANCES					
	3 mètres	5 mètres	10 mètres	15 mètres	20 mètres	25 mètres
70	0,75×1 »	1,25×1,70	2,50×3,40	3,80×5 »	5,10×6,75	6,35×8,50
80	0,65×0,85	1,10×1,50	2,25×3 »	3,30×4,40	4,50×6 »	5,60×7,30
90	0,50×0,70	1 »×1,30	2 »×2,70	3 »×4 »	4 »×5,30	5 »×6,70
100	0,50×0,65	0,90×1,20	1,80×2 40	2,70×3,60	3,60×4,80	5,50×6 »
120	0,45×0,60	0,70×0,95	1,50×2 »	2,25×3 »	3 »×4 »	3,75×4,50
150	0,35×0,45	0,55×0,75	1.15×1,55	1,80×2,40	2,40×3,20	3 »×4 »

Ce tableau correspond plus particulièrement aux objectifs livrés par la maison Gaumont. Nous donnerons également les indications fournies par la maison Pathé frères pour les objectifs adjoints à ses appareils.

Série supérieure
DISTANCE DE L'OBJECTIF A L'ÉCRAN
(Hermagis 39 $^{m}/_{m}$)

Foyers	5 mètres	10 mètres	15 mètres	20 mètres	25 mètres
40 $^{m}/_{m}$	2m95	5m95	8m95	11m95	14m95
45 —	2 65	5 30	7 95	10 65	13 30
50 —	2 40	4 55	7 15	9 55	11 95
55 —	2 15	4 30	6 50	8 70	10 90
60 —	1 95	3 95	5 95	7 95	10 »
70 —	1 70	3 40	5 10	6 80	8 55
80 —	1 45	2 95	4 45	5 95	7 45
90 —	1 30	2 65	3 95	5 30	6 65
100 —	1 15	2 35	3 55	4 75	6 »
110 —	1 05	2 15	3 25	4 35	5 40
120 —	0 95	1 95	2 95	3 95	4 95
130 —	0 90	1 80	2 75	3 65	4 60
140 —	0 85	1 70	2 55	3 40	4 40
150 —	0 80	1 60	2 40	3 15	4 »

Série ordinaire
DISTANCE DE L'OBJECTIF A L'ÉCRAN

Foyers	5 mètres	10 mètres	15 mètres	20 mètres	25 mètres
20 $^{m}/_{m}$	3m »	6m20	9m40	12m50	15m60
25 —	2 60	5 20	7 80	10 40	13 »
35 —	2 »	4 20	6 30	8 30	10 40
45 —	1 75	3 50	5 25	7 »	8 70
55 —	1 40	2 85	4 30	5 75	7 20
65 —	1 30	2 60	3 85	5 10	6 40
75 —	1 20	2 40	3 60	4 80	6 »
85 —	1 »	2 »	3 »	4 »	5 »
95 —	0 90	1 80	2 70	3 60	4 50
105 —	0 80	1 60	2 40	3 20	4 »
125 —	0 75	1 40	2 »	2 70	3 40

Lorsque l'on veut passer de la projection animée à la projection fixe, il faut modifier l'objectif et on consultera, pour ce changement, le tableau suivant.

Pour un objectif de cinématographe de :

25 $^m/_m$	il faut pour la projection fixe un objectif de	95 $^m/_m$
35 —	— — —	150 —
45 —	— — —	150 —
55 —	— — —	200 —
65 —	— — —	250 —
75 —	— — —	250 —
85 —	— — —	300 —
95 —	— — —	350 —
105 —	— — —	350 —
125 —	— — —	400 —

Le système optique de tout cinématographe, comme, du reste, de toute lanterne pour projections, comporte, outre l'objectif, un condensateur.

Le condensateur constitué par une demi-boule de verre n'est plus guère utilisé que dans les lanternes magiques qui servent de jouets aux enfants.

Le système à deux lentilles bi-convexes proposé, au début de l'art de la projection, par Dubosc et Carpenter a dû être abandonné, ce système comportant les défauts, d'une part de perte sensible de lumière, d'autre part d'aberration trop accusée. On proposa ensuite un système à deux lentilles concavo-convexes ; mais l'opticien Herschell devait bientôt faire adopter le condensateur formé par l'assemblage d'une lentille biconvexe et d'une lentille concave-convexe. Ce système n'est pas totalement dépourvu d'aberration de sphéricité mais il est remarquable par la propriété qu'il a de donner, d'une source lumineuse réduite à un point, des rayons parallèles.

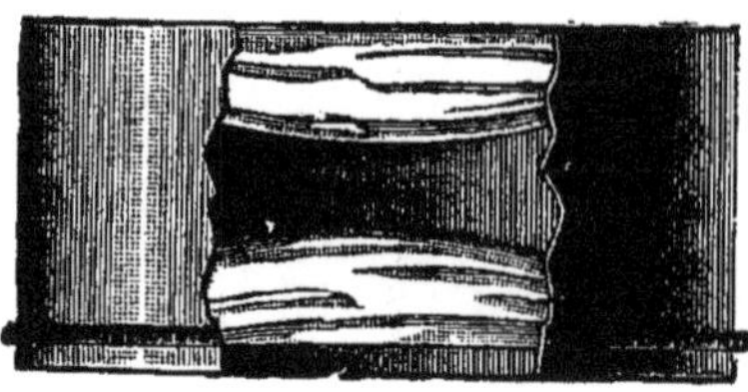

Fig. 16. — Condensateur.

Il a donc fallu chercher des systèmes donnant des rayons convergents, capables d'illuminer puissamment les diapositives que ces rayons doivent traverser. C'est ainsi qu'on a été conduit à établir des condensateurs à deux lentilles plan-convexes, ayant leurs convexités tournées l'une vers l'autre (fig. 16).

Ce système, du reste très employé, a subi quelques modifications, surtout celle de l'adjonction d'une troisième lentille. Dans un modèle on a intercalé une lentille bi-convexe entre les deux lentilles plan-convexes; dans un autre on a disposé, du côté de la source lumineuse, une lentille menisque convexe à bords minces et de diamètre plus faible que celui des deux lentilles plan-convexes. Comme, avec ce système, on peut rapprocher la source lumineuse jusqu'à pouvoir utiliser des rayons de 95°, une plaque de verre mince peut coulisser devant la lentille additionnelle et la protéger ainsi contre l'échauffement inévitable produit par la source colorifique très rapprochée.

Dallmeyer proposa également un intéressant dispositif qui permet de rapprocher la source lumineuse à 7 ou 8 centimètres de la première lentille. Son système consiste en deux lentilles non symétriques, montées séparément et se faisant face par leur plus grande convexité. La lentille tournée vers la source lumineuse est un flint plan-convexe de 8 centimètres de diamètre et l'autre un crown double-convexe de 10 centimètres. La combinaison Dallmeyer est plus spécialement utilisable quand il s'agit de longs foyers, elle est de correction presque parfaite au point de vue des aberrations chromatique et sphérique. Mais les verres qui la composent doivent être sans défaut.

Les condensateurs les plus généralement employés ont 115 ou 150 millimètres de diamètre. Beaucoup de constructeurs se sont efforcés de les rendre facilement démontables. Parmi ces modifications nous citerons celle du Savelens.

Nous dirons peu de chose des cuves à eau, presque toutes semblables du reste.

Objectifs (fig. 17 et 18)

Les objectifs dérivent presque tous de la combinaison Petzwal. Leur monture est de la forme dite universelle

portant des tubes qui y entrent à coulisse et qui faci-
litent la substitution des objectifs, les uns aux autres.

Fig. 17. — Monture universelle.   Fig. 18. — Tube
                                              d'objectif.

Les constructeurs offrent des   trousses d'objectifs contenant :

    Un objectif tube foyer de   4 à 15 cm.
              —   —   2 1/2 cm.
              —   —   3 cm.
              —   —   3 1/2 cm.
    Un objectif pour projection fixe de 9 à 40 cm.

Les objectifs ont :

1° Une lentille double achromatique dont la courbure
est tournée vers l'écran.

2° Une lentille flint concave-convexe, menisque diver-
geant dont la convexité est tournée vers l'écran.

3° Une lentille bi-convexe menisque convergeant dont la plus grande courbure est tournée vers l'écran et par conséquent dans la concavité de la lentille précédente (fig. 19).

Les tubes d'objectifs portent du reste une flèche indicatrice tournée normalement vers la fenêtre de l'appareil.

Mise au point. — Les tableaux que nous avons donnés ne permettent pas de faire, mathématiquement, une mise au point rigoureuse. En ce qui concerne la distance de la source lumineuse au condensateur, théoriquement, la source lumineuse doit être au foyer

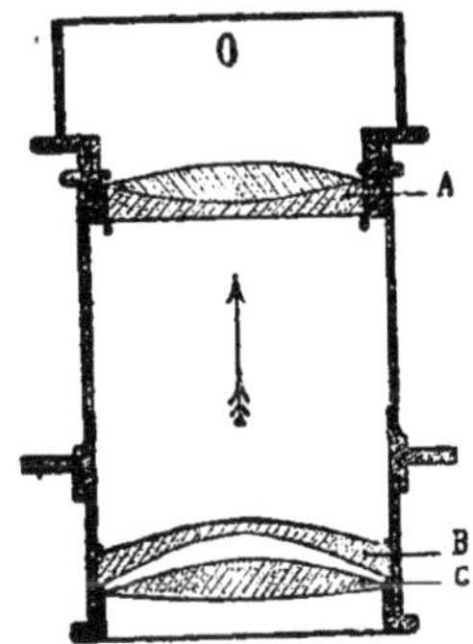

Fig. 19. — Objectif.

conjugué du centre optique de l'objectif. En réalité cette distance est légèrement supérieure au foyer du condensateur.

Pour la trouver, mettre au point une des images du film sur l'écran, retirer l'objectif, le remplacer par un morceau de carton blanc faisant alors fonction d'écran et occupant la place que tiendrait le diaphragme de l'objectif considéré. Régler alors la lumière jusqu'à ce que le sommet du faisceau lumineux projeté par le condensateur sur le carton blanc soit à son diamètre le plus réduit. La position de la source lumineuse est ainsi déterminée une fois pour toutes. Lorsque l'appareil comporte un écran de sûreté, cet écran remplira l'office du carton-écran. Quoiqu'il en soit, il faut faire une mise au point différente quand on passe de la projection fixe à la projection animée ou, plus exactement, lorsque les deux genres d'opération doivent être pratiqués dans une même séance, on mettra au point pour la projection fixe.

Après avoir bien centré le point lumineux par rapport au condensateur, on lève l'abattant de la cuve à eau, on fait fonctionner l'éclairage et on fait la mise au point sur l'écran, sans tenir compte du plus ou moins d'intensité de lumière, en se basant sur le rectangle de la fenêtre qui doit apparaître sur l'écran.

On observe la couleur et la situation des cercles d'ombre qui viennent se peindre sur l'écran (Cf. Aide-mémoire du cinématographiste, page 8)

Disque rouge	= trop loin
Tache centrale	= trop loin
Disque bleu	= trop près
Ménisque à droite	= trop à droite
Ménisque à gauche	= trop à gauche
Ménisque en bas	= trop bas
Ménisque en haut	= trop haut
Cercle complètement brillant	= parfait

Il arrive qu'au cours de l'opération dite du cadrage,

par suite du déplacement de la fenêtre, la lumière n'est plus uniformément répartie. Dans ce cas on avancera légèrement la lanterne sans modifier la position du point lumineux.

Éclairage électrique

Le plus généralement le cinématographe emploie l'arc électrique comme source lumineuse. Le courant est amené à deux crayons en charbon spécial dont les positions sont solidaires d'un mécanisme appelé *régulateur*. On a tenté d'introduire, en projection, l'usage de lampes à filaments métalliques. On en a même fabriqué de puissance égale à 1.000 bougies ; mais les lampes à arc ordinaire ont conservé la faveur des professionnels. La lumière solaire, lumière idéale, doit nous servir de terme de comparaison ; elle a non seulement des qualités de régularité et de blancheur remarquables, mais elle émet des rayons dans toutes les directions. Les sources artificielles de lumière ne présentent pas cette qualité de distribution régulière. Elles propagent la lumière latéralement. Comme pour les projections on a besoin d'un cône unique de rayons lumineux plutôt que de rayons lumineux intenses s'écartant dans toutes les directions, on comprend que la source fournie par l'arc électrique, source réduite à un point, ait fixé particulièrement l'attention et prédomine dans la pratique. Cette nécessité du point lumineux est déterminante du système optique, condensateur et objectif, quand il s'agit de projections.

Lorsque l'arc jaillit entre deux pointes de charbons reliés à des conducteurs électriques de pôles différents et lorsque les charbons sont écartés l'un de l'autre, le charbon est volatilisé et ses poussières ténues et incandescantes continuent à conduire le courant, la partie la plus brillante correspond au charbon positif qui se creuse en *cratère* et donne les 85 0/0 de la lumière totale. L'usure du charbon positif étant plus forte que celle du négatif, le charbon positif doit être d'un diamètre supérieur à celui du négatif. A mesure que les charbons perdent de leur matière, on les rapproche au moyen du régulateur. Le cas le plus général est l'emploi du courant continu. Lorsqu'on s'adresse au courant alternatif, les charbons deviennent alternativement négatif et positif et cela avec une *fréquence* de 50 périodes environ à la seconde. L'intensité lumineuse devient plus faible, moitié en chiffres ronds, ce qui quadruple la dépense en électricité.

Lorsqu'on emploie des charbons à mèche, le potentiel inférieur, dans le cas d'un arc lumineux très court, est d'environ 40 volts en continu et 20 volts en alternatif. La conclusion est que les potentiels en usage dans les exploitations (de 110 à 220 volts) sont trop élevés et qu'il est nécessaire d'intercaler des *résistances* qui transforment en *chaleur* la différence de potentiel entre la source électrique et la lampe. Une lampe à arc brûlant sur 110 volts est donc plus économique que sur 220 volts. Toutefois le potentiel du générateur ne saurait descendre au potentiel utilisé par la lampe (50 volts), car celle-ci s'éteindrait rapidement. Il faut au moins un potentiel initial de 65 volts en continu et de 20 en courant alternatif.

On peut classer les lampes à arc : 1° d'après l'angle que forment entre eux les deux charbons ; 2° d'après le systéme régulateur ou à main ou automatique.

Les lampes peuvent donc être à charbons superposés faisant angle de 180°, à charbons faisant un angle comprisentre 180 et 90°, symétriques à l'axe optique, ou à un seul charbon symétrique par rapport à cet axe et par conséquent horizontal. Enfin les charbons peuvent être parallèles.

Lorsque les charbons sont horizontaux, l'intensité lumineuse est relativement faible, les rayons les plus utiles étant dirigés vers le bas et non vers le condensateur. On a donc été amené, pour dégager le cratère, à incliner les charbons, le charbon inférieur, négatif, étant un peu en avance sur le positif. Quand il s'agit de courant alternatif, on superpose les charbons dans certains dispositifs, ce qui se comprend difficilement, car pour obtenir un rendement lumineux suffisant, il faut aller jusqu'à 100 ampères, l'arc étant tenu très court.

Les lampes dites à ciseaux réalisent l'angle compris

entre 180° et 90°. Avec ces lampes se produit l'inconvénient du déplacement latéral du cratère.

Dans les lampes à charbons asymétriques, ceux-ci forment un angle obtus, le charbon positif étant dans l'axe optique. Avec ces lampes le cratère présente une grande fixité, mais elles réclament un réglage individuel des charbons utilisés et sont plus spécialement destinées au courant continu, le cratère du charbon négatif ne pouvant être d'aucun emploi.

C'est précisément pour répondre à cette perte de lumière, résultant de la non-utilisation du cratère négatif, qu'on a songé à disposer les charbons parallèlement. Le courant alternatif devient ainsi plus utilisable. En courant continu on avancera le charbon négatif de quelques millimètres pour qu'il ne projette pas d'ombre nuisible.

Le réglage de l'usure inégale des charbons nécessite le réglage du foyer. Il s'ensuit que, pour le réglage de l'usure, on modifiera la longueur de l'arc lumineux résultant, d'une part de l'augmentation du potentiel (correspondant à une diminution d'intensité), de l'autre du déplacement latéral du cratère par rapport à l'axe optique. Pour le réglage du foyer on songera au recul du cratère suivant l'axe optique.

Les lentilles de condensateurs n'ayant pas un point focal défini mais une région linéaire focale de deux centimètres environ, tant que la source lumineuse sera sur cette ligne, il y aura lumière utile et fixe ; mais sitôt que le point lumineux quitte cette ligne il se produit des *taches colorées* à la projection. Le réglage ne serait pas possible si on utilisait les lentilles anastigmates dans les condensateurs.

Lorsque les charbons sont disposés obliquement, l'usure fait que le point lumineux se déplace vers l'arrière. Le réglage n'est jamais assez parfait pour compenser ce déplacement. Dans le dispositif à angle obtus, au contraire, le réglage d'usure est également régulateur de foyer et cette qualité est remarquable surtout lorsqu'il s'agit de courants de faible intensité.

Le réglage d'usure modifie la longueur de l'arc électrique et, pour l'observation en cours de séance, les regards ménagés dans les parois de la lanterne sont habituellement de dimension trop réduite pour faciliter l'examen de la position des charbons.

Le réglage à la main des lampes à ars n'est possible que pour un opérateur expérimenté. Le réglage automatique par le courant, basé sur les variations d'intensité, repose entièrement sur les modifications que l'usure fait subir à cette intensité. *Lorsque l'arc est jaune, lorsque surtout il siffle, c'est qu'il manque d'amplitude et qu'il faut l'allonger. Il faut au contraire rapprocher les charbons s'il y a tendance à l'extinction.*

L'inconvénient des lampes à réglage automatique

est de ne pouvoir servir que pour des courants d'une intensité déterminée.

Charbons. — La nature, la provenance, la constitution des charbons, sont autant de particularités dont l'opérateur devra soigneusement tenir compte.

On distingue trois sortes de charbons : Les charbons homogènes, les charbons à mèche et les charbons à effet. Les deux premières sortes sont de charbon pur, la troisième de charbon mélangé de sels métalliques ; les premiers sont compacts, les seconds ont un canal médian occupé par du charbon plus poreux.

En projection, les charbons à mèche donnent un arc plus fixe ; ils doivent être préférés quand on utilise le courant alternatif ; dans le cas du courant continu le charbon positif doit être à mèche, le charbon négatif peut être homogène.

Lorsque les charbons sont parallèles ou font un angle obtus, les deux charbons seront à mèche même sur courant continu. Les charbons à mèche excentrique ne sont guère utilisables, que dans les lampes à charbons superposés.

Les charbons à effet utilisent la volatilisation des sels métalliques qu'ils contiennent. Leur lumière est toujours bleuâtre, ce qui n'est pas une qualité, surtout pour les projections en couleurs. Ils dégagent une odeur appréciable ; leur clarté est comme diffusée et scintillante ;

ils ne réalisent donc pas les désidérata qu'on réclame à la lumière ponctuelle (réduite à un point). A l'expérience, les charbons à effet semblent donner, sensiblement, la même intensité lumineuse que les charbons purs lorsqu'on utilise le courant alternatif, les charbons étant superposés ou faisant un angle obtus. Cette équivalence ne se retrouve pas avec le courant continu.

Les charbons épais brûlent, toutes proportions gardées, moins vite que les charbons minces, qui doivent être plus fréquemment réglés. Par contre plus le charbon est épais, moins son cratère est fixe. Lorsque le charbon est trop mince, la lumière qu'il fournit accuse du tremblement et siffle. Il faut donc savoir choisir une bonne moyenne.

Si nous quittons le domaine des lampes à arc, nous constaterons que la Lampe Nernst n'a pas été transformée, en vue de son utilisation pour les projections lumineuses, comme on aurait pu l'espérer. Par contre Liesegang a construit une petite lampe à spirale métallique qu'une simple batterie d'accumulateurs suffit à alimenter et qui, grâce à une lentille condensatrice, donne une cône de lumière utile remarquable mais qui présente l'inconvénient d'être trop diffusée.

L'apparition des lampes à filaments métalliques a conduit à des systèmes dont le Pathé Kok a fait une ingénieuse application. A ces transformations des sources lumineuses devraient correspondre des modifications de condensateurs. Le grand progrès sera la suppression des résistances.

Transformateurs de courant électrique

Par suite du voltage élevé qui caractérise le régime de la distribution électrique dans les villes, on a dû se préoccuper d'assurer une marche plus économique des lampes à arc dont les résistances absorbent de forts excédents d'énergie.

C'est dans ce but qu'on a construit des *transforma-teurs*, qui, d'une façon générale, comportent un induit à deux enroulements tournant entre les pôles d'un inducteur. Avec ces appareils la tension tombe à 60 volts, en même temps que l'ampérage est relevé.

Les transformateurs sont des dispositifs très délicats. On les placera en des endroits très secs, sur un socle rigide, bien isolé. On en lubréfiera soigneusement les paliers, en évitant l'excès d'huile. On mettra en marche après avoir réchauffé les organes en mettant le courant sur l'excitation pendant une heure environ. Les choses étant en état, la manette parcourra successivement et lentement la série des plots, et toute cette série, pendant un quart de minute. Pour l'arrêt on reviendra en sens inverse plus brusquement. La position des balais correspond évidemment aux places où se produit le minimum d'étincelles. Le collecteur sera soigneusement nettoyé au pétrole. On évitera les poussières métalliques et, par conséquent, la toile émeri, pour le polissage des pièces de la machine. Pour chasser les poussières on se servira d'un soufflet et d'un linge fin légèrement imbibé de pétrole. La machine sera protégée par des plombs fondant pour une surcharge de 30 à 40 0/0.

Au point de vue de l'installation générale nous rappelerons que la distribution électrique, groupage des lampes *en série* sur la ligne elle-même, est la plus économique. Mais comme l'extinction d'une seule lampe provoquerait l'extinction de toutes les autres, à chaque lampe doit correspondre une résistance qui lui équivale et puisse se substituer à elle quand on l'éteint. Le groupage en *dériva-tion* est plus onéreux. Mais il permet un groupage plus facile des lampes et l'emploi de lampes d'intensité lumineuse variable (arc et filament) ; il donne une lumière plus blanche. Aux lampes montées en série doivent correspondre des machines excitées en série ; aux lampes montées en dérivation, des machines excitées en dérivation ou en compound.

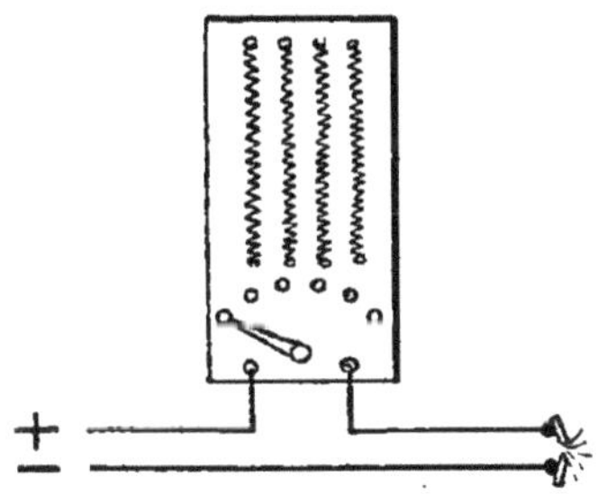

Fig. 20. — Schéma I (simple résistance).

Il est utile de pouvoir pratiquement déterminer la

dimension des conducteurs à employer. Trois éléments pour cette détermination sont nécessaires.

1° La longueur totale du circuit.

2° L'intensité des foyers à établir.

3° La perte en volts prévue.

Cette perte étant égale à e, r étant la résistance spécifique du métal dont on veut faire usage, I l'intensité lumineuse, L la longeur total du circuit et S la section du fil à employer on a :

$$S = \frac{r \times I \times L}{e}$$

Schémas d'installation

Nous avons longuement insisté déjà sur les différents systèmes de rhéostats proposés par les constructeurs. Donnons, en outre, les schémas d'installation de tableaux électriques.

Les schémas II et III correspondent à des tableaux réunissant les appareils et connexions 1° pour l'alimentation de l'arc ; 2° pour la canalisation de l'éclairage de la salle ; 3° pour le petit moteur de l'appareil ; 4° pour la lampe assurant l'éclairage de la cabine ; 5° un ampèremètre correspondant à l'arc électrique grâce à un commutateur à deux directions, lorsqu'on éteint les lampes de la salle on met en marche le petit moteur du projecteur.

Le schéma IV est celui d'un rhéostat avec ampèremètre et coupe-circuit séparés, le schéma V et VI sont ceux
du tableau de distribution avec rhéostat séparé et résistance additionnelle. Ces deux derniers schémas seront à

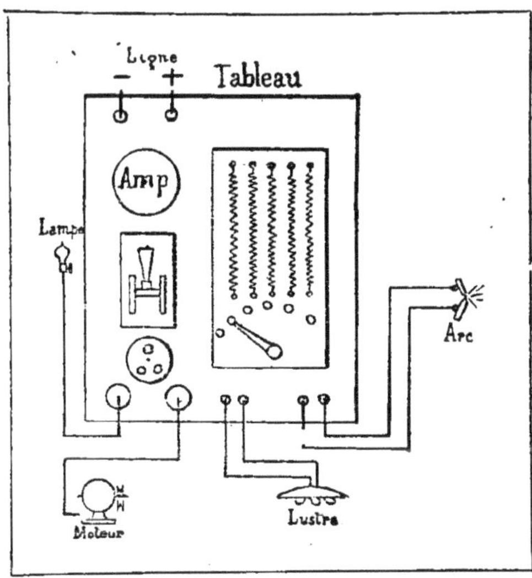

Fig. 21. — Schéma II.

utiliser lorsqu'on aura à se déplacer fréquemment ; ils
mettent toute l'installation sous la main et simplifient
l'établissement de la ligne.

Accessoires

Les opérateurs feront bien d'avoir sous la main
un certain nombre d'outils, pouvant du reste être
renfermés dans une trousse et comprenant : Un

marteau, une pince universelle, un petit étau à main,

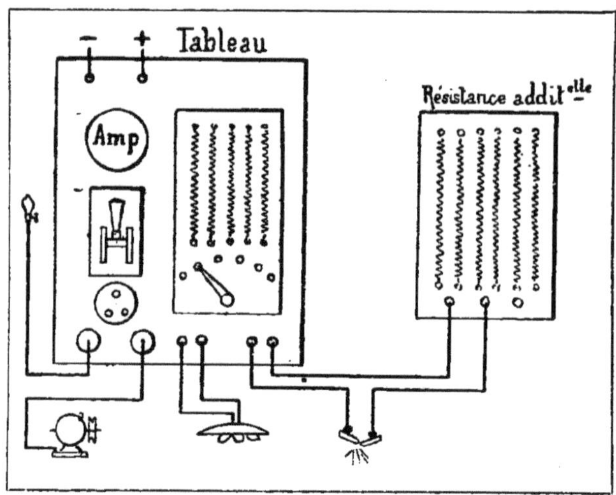

Fig. 22. — Schéma III.

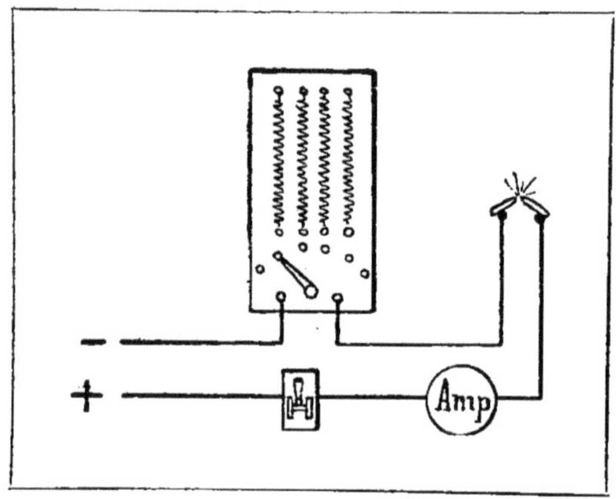

Fig. 23. — Schéma IV.

un tourne-vis deux lames, un roule-goupille, un chasse-goupille, une vrille, une burette, des goupilles et vis de rechange, un jeu de limes.

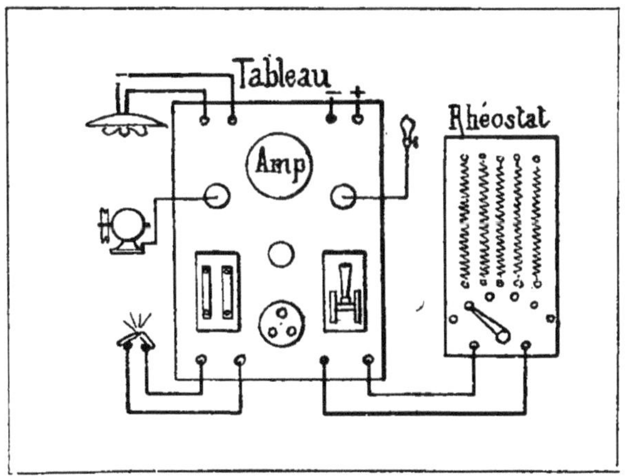

Fig. 24. — Schéma V.

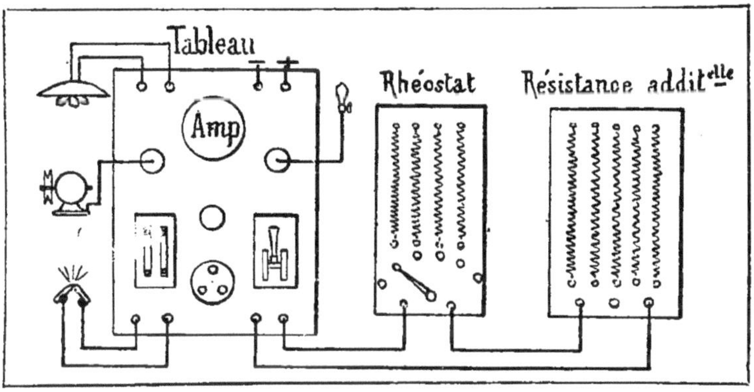

Fig. 25. — Schéma VI.

Un des accessoires qui sera mis le plus souvent à con-tribution est certainement la presse à coller les films.

La colle utilisée est un mélange un peu épais d'acétone et d'acétate d'amyle contenant en dissolution du celluloïd. Pour l'usage on coupera les deux extrémités à coller, l'une sur une marge noire, l'autre deux millimètres en dessous d'une marge semblable. On les fixera gélatine en dehors, chacune sous les deux presses terminales du dispositif. On fait alors coïncider les deux marges et les

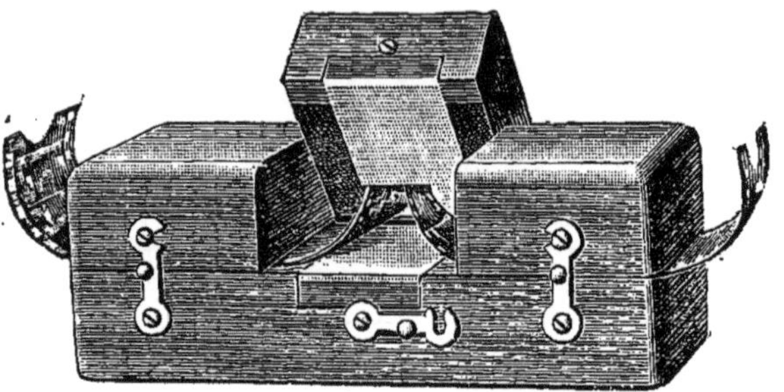

Fig. 26. — Presse à coller.

perforations ; la gélatine du film à coller ayant été grattée au préalable, cette partie est enduite de colle, les deux extrémités sont rapprochées et la presse centrale est rabattue. Le collage est effectué au bout de trois minutes au maximum (fig. 26).

Citons encore la boîte à humidifier les films dont le fond est garni d'un feutre imbibé d'eau glycérinée. Lorsqu'on place les bandes dans ces boîtes, les spires doivent êtres roulées très lâches.

Dans une petite boîte ad hoc on conservera :

Un flacon de colle pour films.

Un tube de colle forte.

Des pinceaux.

Une burette à huile.

Une brosse douce.

Une peau de chamois.

Un blaireau.

Une boîte de rouge à polir.

Un bâton de craie ou de fusain.

Un stylographe.

Quand les films ont été passés, il faut les remettre dans le bon sens. Pour cela on les rembobine au moyen d'enrouleuses qu'on trouvera chez tous les constructeurs d'un modèle à peu près uniforme (fig. 27 et 28).

Fig. 27. — Enrouleuse.

Accidents de séance

Avant la séance on vérifiera les charbons et on fera le cratère. Si la lumière tourne, pratiquer sur toute la longueur des charbons compacts, au moyen d'une lime, un méplat qui supprime environ

un tiers du diamètre. Ces deux méplats se feront
face quand on montera l'arc et seront tournés vers le
condensateur.

Si les charbons échappent aux griffes en cours de

Fig. 28 — Enrouleuse.

séance, il faut interrompre et en mettre de plus fort
diamètre.

En cas de rupture de la bande, ne pas perdre la tête
et adopter sans tergiverser une des deux solutions :
recevoir la bande dans un panier ou, si la bobine infé-
rieure est très accessible, arriver à enrouler quand même

le film en accompagnant et serrant à la main les premières spires.

On peut continuer à marcher, dans nombre de cas, avec un condensateur dont les lentilles sont fêlées. Pour éviter cet accident, surtout en hiver, on fera bien de chambrer tout le système optique, objectif et condensateur.

Conclusion. — Nous sommes loin d'avoir épuisé le sujet. Nous avons même réservé l'étude des sources de lumière autres que l'électricité. Nous concluons donc par des indications dont on aura très fréquemment l'emploi.

Tableau donnant l'ampérage correspondant
à une largeur de projection déterminée, sur courant
continu.

LARGEUR de la PROJECTION	MAXIMUM	MOYENNE	MINIMUM
2 mètres	12	9	6
2 — 50	18.7	14	9.30
3 —	27	20.2	13.50
3 — 50	36.7	27.5	18.30
4 —	48	36	24
4 — 50	60.7	45.50	30.30
5 —	75	56.2	37.50

Si le courant est alternatif, pour une fréquence de 40 périodes on multipliera ces chiffres par 0,90 ; pour une fréquence de 70 périodes par 0,95.

La dépense à effectuer est liée à la formule générale :

$$\frac{\text{ampères} \times \text{volts} \times \text{heures} \times \text{prix de l'hectowatt-heure}}{100}$$

Le nombre d'ampères sera do..né par :

$$\frac{\text{Nombre de lampes} \times \text{puissance en bougies de chaque lampe}}{\text{Nombre de volts}}$$

En divisant le voltage par l'ampérage, on a comme quotient le nombre d'ohms de la résistance correspondant à cet ampérage.

L'art de la projection cinématographique se modifie, se perfectionne chaque jour. Nous ne saurions donc avoir la prétention d'avoir été parfait et complet. La Chambre syndicale de la Cinématographie a institué un certificat d'aptitudes à exiger des aspirants opérateurs. Cinéma-Revue en fera parvenir les conditions et le programme général à ceux qui veulent se destiner à une profession dont les nécessités sont la propreté méticuleuse, des connaissances en électricité étendues, la valeur morale et artistique, l'exactitude et une certaine dose d'abnégation.

www.ingramcontent.com/pod-product-compliance
Ingram Content Group UK Ltd.
Pitfield, Milton Keynes, MK11 3LW, UK
UKHW031811170726
13836UKWH00003B/1327